科学在你身边
KEXUEZAINISHENBIAN

天气

北方妇女儿童出版社

前　言

　　不论我们在世界的哪个角落，天气都会随时影响我们的生活。

　　清晨，当我们起床后，第一件事情就是想看看窗外的天气：是晴朗还是多云？有没有下雨？是暖和还是有点冷？有风没有？空气潮湿还是干燥？知道了天气状况后，我们才能决定一天的出行计划和要穿什么衣服。

　　也许你会发现，世界各地的天气状况差异很大，有些地方是长期炎热干燥的夏天，有些地方则是终年皑皑白雪的冬季；有时天气令人感到舒畅，有时却会给人们带来灾难，如大雾天气、地震的发生等。

　　天气的变化影响到了我们每一个人，也许你还不明白其中的道理，打开这本书，你将会了解到有关天气的一切奥秘：天气是怎样形成的，它是如何影响我们的生活的？为什么天气对人类、植物和动物非常重要？人类的活动为什么会给天气带来不良影响……赶快翻到下一页，开始你的气象之旅吧！

目 录
M U L U

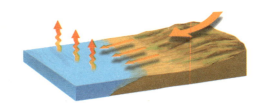

什么是天气·····················6

天气现象·····················8

气　温·····················10

气　压·····················12

气　团·····················14

四季的天气·····················16

风·····················18

龙卷风·····················20

飓　风·····················22

云·····················24

雨的形成·····················26

雷　电·····················28

冰　雹·····················30

雪·····················32

雾·····················34

MULU

露珠和霜······················36

洪　水······················38

干　旱······················40

厄尔尼诺现象··············42

季　风····················44

海洋里的邮递员——洋流···46

冰　川····················48

冰　山····················50

热带天气··················52

温带天气··················54

寒带天气··················56

城市里的天气··············58

天气预报··················60

温室效应··················62

什么是天气

生活中，我们会感到天气在不断地变化着：也许当你早上起床时还是阳光明媚，可一会又会乌云密布，大雨滂沱；下午时，天又开始放晴。这是什么原因造成的呢？原来是空气中水的变化造成的。没有水，就不会有云、雨、雾、雪等天气。

不同纬度的天气

"东边日出西边雨，道是无晴却有晴"这句诗应该是对天气变化的最好写照。世界上纬度不同的地方，季节也不同。当南半球的人觉得闷热难耐时，北半球的大地却被皑皑白雪覆盖着。

北回归线
赤道
南回归线

水蒸气在上升过程中形成云。
地表水蒸发
云产生雨水
地面河流
地下水

地球的倾斜运动

在一年四季中,我们能明显感觉到气温的变化。气温的变化影响到了人们的生活,如这个季节你所做的事情、衣服的选择等,是什么原因造成四季气温的变化呢? 这是地球的倾斜运动造成的,如果没有地球的倾斜运转,就不会有春夏秋冬四季温度的不同。

不同季节的天气

我们知道地球上有不同的季节,每个季节的气候和天气也各不一样:春天的时候天气温暖,夏天天气炎热,秋天天气开始转冷,而冬天的天气则非常寒冷,说明了季节对天气的影响很大。

⬆ 春夏秋冬四季的变化

⬆ 在炎热的夏季,人们通过游泳来降温。

———— 太阳使水的温度升高,变成水蒸气蒸发到大气层中。

地面上的空气

对天气影响最大的就是距离我们最近的一层空气,它叫做对流层,我们平时看见的云大多就在这一层。

水循环

地球上的水总是不断地运动着,在太阳能和地球表面热能的作用下,地球上的水不断被蒸发成为水蒸气,进入大气。水蒸气遇冷又凝聚成水,以降水的形式落到地面,这个周而复始的过程,就是水循环。水循环是一个复杂过程,但蒸发是它最重要的环节。

天气现象

天气在我们的生活中扮演着很重要的角色，影响着我们做的许多事情。比如雨、雪、暴风、雷电等，这些在生活中常见的现象，就是天气现象。

晴天

晴朗的天气，万里无云，这几乎是全世界最常见的天气，特别是在夏季。如果一早起来就是晴空万里，那么一天可能都是大晴天，我们的心情也会变得非常愉快。

霜

每当到了晚秋或者冬天，在清晨，草叶上、土块上常常会覆盖着一层白色的小冰晶，这就是霜。而当太阳出来后不久，霜就会融化。

雨

"春雨贵如油"，及时雨不但会给万物带来一片生机，还可以净化空气。这些雨是从哪里来的？原来，是流动的风使云里充满了水，雨便从这些云中降落到了大地上。

➡ 霜是一种白色的冰晶，多形成于夜间。少数情况下，在日落以前太阳斜照的时候也能开始形成。通常，日出后不久霜就融化了。但是在天气严寒的时候或者在背阴的地方，霜也能终日不消。

霜冻

霜冻不一定都有霜，只要温度很低，农作物受到冻害，就叫霜冻。

风

风是我们人类的好朋友。环绕地球的大气在不停地运动着，风就是空气流动。大自然离不开风，有了风，天上才会有云，才会出现雨、雪、霜等天气现象，我们才能正常生活。

雾凇

雾凇是水汽在树枝、电线和物体凸出的表面上形成的凝华物或冻结物，一般发生在寒冷而湿度大的天气条件下。霜主要是在晴朗微风的夜晚形成，而雾凇可在一天中的任何时段形成。

气 温

当冷风吹来的时候,我们会觉得冷飕飕的,这时空气中的热量就会失去,气温降低。气温随太阳辐射强度、纬度、海拔等的不同而变化,与人类生活和其他生物的关系非常密切。

测量气温

你肯定已经发现,当气温高的时候,温度计内的液体就会上升,温度低时,这些液体就会向下收缩。所以说,依靠灵敏的温度计,我们就可以知道周围的环境温度是多少。气温度量单位常用摄氏度(℃)来表示。

气温与天气

气温是构成天气的基本要素。从早上气温的变化中,我们就可以大致判断出今天的天气状况,所以说气温的变化也可以预报未来的天气。

▲ 温度计

不同纬度的气温

当我们还处在炎热的盛夏时，北极的因纽特人却处于严寒的冬天。同处一个地球，为什么气温相差这么大？这是因为各地区所处的纬度位置的不同造成的。比如赤道和低纬度地区就没有冬天，两极和高纬度地区没有夏天，只有中纬度地区才四季分明。

⬆ 因纽特人的冰屋，不但美观结实，而且保暖防寒。

小 实 验

准备一个温度计，将温度计放在安全、阴凉而且干燥的地方，然后把它固定在一个你可以很容易看到度数的地方，把每天的温度记录下来。看一看，你自己感觉到舒适的温度是几度？周围人和你的感觉一样吗？

不同海拔的气温

当你爬山的时候，你会发现一个有趣的现象：山顶的温度要比山脚的温度低。事实的确如此，简单说，就是海拔越高，气温越低；海拔越低，气温越高。

⬇ 海拔越高，大气层厚度越薄，温度越低，这是山上晚开的花。

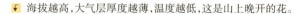

不同地区的气温

在北方，每当树叶飘零的深秋，我们就会看到燕子成群地飞往温暖的南方。到了春季，北方气温升高，燕子们又会飞回北方。这说明地区不同，气温差异也很大。

气 压

也许你感觉不到，但空气确实随时在向你推进，这种推进叫做气压。气压的变化带来天气的变化，形成风的流动。风带来了含有大量水分的空气，最后形成雨降落下来。气压上升，表明将会有一个晴朗的天气；气压下降，表明天气可能会转为多云或雨、雪。

什么是气压

气压就是大气压力，是大气压强的简称，也叫大气压，单位是百帕。通常低气压控制的地区，天气比较恶劣；高气压控制的地区，天气相对较好。比如，初次登山的人，会感到呼吸困难，这是由于海拔高空气稀薄，使气压减小的原因。

80 厘米
75 厘米
70 厘米
65 厘米
60 厘米
55 厘米
50 厘米
45 厘米
40 厘米
35 厘米
30 厘米
25 厘米
20 厘米

登山的人

▲ 1643 年，意大利物理学家托里拆利发现大气压强。

标准的气压值

标准气压值的规定随着科学技术的发展，经过了几次变化，为了确保标准大气压是一个定值，1954 年，第十届国际计量大会规定标准大气压值为 1 标准大气压 = 101 325 帕。

飓风中心的气压

飓风里有什么在动？原来，飓风有一个中心，或称为"眼"，直径长达 50 千米。虽然强风在风暴底部的周围猛烈撞击，但风暴眼中心却是正常气压，平静得惊人，刮的是微风，甚至可以看见太阳或者星星。

我们通常见到的飓风都是旋转的，这和龙卷风一样。因为地球在自转，所以飓风在形成的时候就开始旋转了。飓风在北半球的旋转方向与在南半球正好相反。

在高压区，空气向地面下沉并扩散，同时吸收水分，通常会出现晴天。

低气压

低气压简称"低压"，指低压的中心。低气压会带来多云、多雨或有风的天气。

在低气压区，空气上升并凝结成云。

高气压

高气压简称"高压"，指气压最高的地点。世界各地的气压都不相同。高气压会带来持续干燥而且晴朗的天气。

空气的流动动力

气压的差异带来了空气的流动（即风），成为天气变化的原因。风把热量从热带送到两极，如果没有这种空气的流动，热带就会变得越来越热，而两极则会变得越来越冷。

气 团

风向和天气关系十分密切，而让风和天气产生关联的就是气团。气团是一大团空气，它覆盖着一个范围很大的地区。广阔的海洋、冰雪覆盖的大陆、一望无际的沙漠等，都可以形成气团。每一种气团带来的都是一种特定的天气。

锋

锋是气温不同的气团的接触面。每个锋上都有一个云团，锋过之处都有气温和风向的变化，而且通常有雨。

冷锋

暖锋和冷锋经常成对出现，暖锋带来暖空气，冷锋带来冷空气。冷锋运动速度非常快，它会制造雷雨和闪电，因此在雷雨天的时候，我们会感到气温很冷。

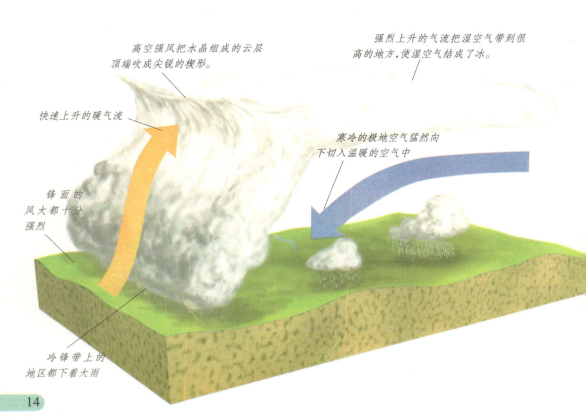

高空强风把水晶组成的云层顶端吹成尖锐的楔形。

强烈上升的气流把湿空气带到很高的地方，使湿空气结成了冰。

快速上升的暖气流

寒冷的极地空气猛然向下切入温暖的空气中

锋面的风大都十分强烈

冷锋带上的地区都下着大雨

冷气团

当冬天到来的时候,会有大团的气团从寒冷的北极出发,向南方行进,这团气团温度很低,被称为冷气团。所以当冷气团到来的时候,我们会感到非常冷。

⬆ 如果暖气团中水汽含量较少,天气就较好。

气团的影响

当暖气团的水汽含量高的时候,就会带来雾、毛毛雨或者雪。气团影响天气的变化,决定这一区域的天气。在地球上的不同地区,气团的影响也不一样。

按源地的温度性质,可将气团分成冰洋气团、极地气团、热带气团、赤道气团四大类;按源地的湿度性质,又可将气团分为海洋性气团和大陆性气团两种。海洋气团较潮湿,大陆气团较干燥,极地气团较寒冷,热带气团则较温暖。

暖锋

当暖锋到来的时候,它会派风给我们带来信息,随着暖锋的到来,风也变得越来越强烈,海面上会刮起风浪,陆地上的小树枝会被吹得飘起来。在天气预报的气象图中,如果看到一条线,上面带有红色的凸起块,那就表示暖锋要来了,天气会变湿且多风。

暖气团

暖气团会给我们带来暖和的天气。春天到来的时候,温暖潮湿的气团从海洋上出发,向寒冷的大陆飘过来,给我们带来温暖和春雨。

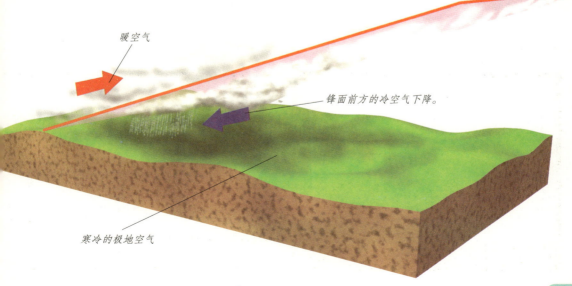

暖空气

锋面前方的冷空气下降。

寒冷的极地空气

四季的天气

　　我们的生活因四季而丰富多彩,温暖的春天,炎热的夏天,凉爽的秋天,寒冷的冬天,不同的季节里,我们都会有不同的感受。季节不但对天气有很大的影响, 同时也影响到了人们的生活。

▲ 炎热的夏季

小 知 识

　　地球绕着太阳公转的过程中,会造成不同地区倾向太阳,因而产生季节变化。季节的变化周而复始,并且和我们的生活息息相关。

春季天气

　　冬季结束了, 太阳开始向北半球移动,北半球白天变长,气温开始提升,天气逐渐变得暖和,人们换上了清爽的衣服。

夏季天气

　　夏天一到,北半球面向太阳,所以十分炎热。这时,白天时间变长,雷雨会经常出现,天空中雷声隆隆,电闪雷鸣,暴雨增多。

炎热的圣诞节

当我们在白雪皑皑的冬天欢快地庆祝圣诞节的时候，南半球的小朋友也在庆祝圣诞节，不过，他们是在炎热的夏天度过圣诞节的。

↑ 南半球的人们在炎热的夏天欢度圣诞节。

↑ 春天提前到来，是人类过度使用煤、石油等能源，造成大气中二氧化碳浓度直线上升，工业温室气体的大量排放，造成气候变暖等原因造成的。

不冷的冬天

在我们的印象中，冬天应该很寒冷，满天飘着雪花，但是冬天并不总是这样，有时，冬天并不十分寒冷，也不会下雪，这样的冬天就是暖冬。

秋季天气

到了秋天，太阳开始向南移动，天气逐渐变冷，夜晚再一次变长，变凉，早晨总是雾蒙蒙的，有时也结霜。秋季通常有持续不散的薄雾。

冬季天气

冬季是一年中最冷的季节。白天开始变得很短，地球离太阳近了一些，而北半球却是斜对着太阳，因此十分寒冷而且多风，有时还会下雪。冬天，当气温变冷时，我们需要添加衣服。

风

风就是我们身边流动的空气。有时空气流动非常缓慢，使风微弱得连羽毛都吹不起来；有时空气流动太快了，以至于风把树都吹倒了，街上的汽车也被刮得晃动起来。

0级，无风——静烟直上。

1级，软风——平均风速每小时3千米，烟能表示方向。

2级，轻风——平均风速每小时9千米，树叶有微响，人的脸感觉有风。

3级，微风——风速每小时15千米，树叶和很细的树枝摇动不息，旗子展开。

4级，和风——风速每小时25千米，小树枝摇动，能吹起地面上的纸张。

5级，清劲风——风速每小时35千米，有叶的小树摇摆。

风的成因

有时我们觉得风从东面来，有时候又从西面来，风到底从哪儿来的呢？当太阳照射一个地方的时候，这里的空气就会变热并上升，腾出一些空间，周围的冷空气就会流过来占领这里，这就形成了风。

地球对风的影响

地球自己是会转动的，因此它对风的方向和大小有一些影响。因为地球的转动，冷空气不会直线流入气压低的地方，它会沿着螺旋线进入那里。

⬆ 顺风时，只需张开帆就能在风力的推动下向前快速前进。

利用风力

在荷兰，人们制造了很大的风车，利用风力来推动风车运动，为人们提供动力。而现在人们还能利用风力来发电，为人类提供电能。

微风

微风属于风力3级。当你感到空气在脸上流动，听见树叶沙沙作响的时候，这就是微风。微风吹过时，天空通常是晴朗的。

大风

大风属于风力8级。大风吹来的时候，我们迎风前行感觉很吃力，你甚至可以看见小树枝都被风吹断了。

小 实 验

找一个尼龙袋、一段铁丝、一根木棒，用铁丝把尼龙袋绑在木棒上做成风向袋。起风时，举起风向袋，这时风向袋就会充满空气并飘起来，风越大，风向袋升得就会越高。

7级，疾风——风速每小时56千米，全树摇动。

→ 1805年，一位名叫蒲福的英国人把风力分为12级。后来，这个标准被应用于陆地的风力测量中。即使到今天，许多气象站仍然使用它来记录风力。

6级，强风——风速每小时45千米，举伞困难，大树枝摇动。

8级，大风——风速每小时68千米，能折毁小树枝，迎风步行感到阻力很大。

9级，烈风——风速每小时81千米，烟囱顶部和平瓦移动，小房子被破坏。

10级，狂风——风速每小时94千米，能把树木拔起或把建筑物摧毁。

不同等级的风

风也有大有小，微风只能吹起羽毛，而大风能刮翻汽车。现在风被分为13个等级，级别的划分是0～12级，风的等级越高，力量也就越大。

11级，暴风——风速每小时110千米，造成严重灾害。

12级，飓风——风速每小时118千米以上，摧毁力极大。

龙卷风

龙卷风是一种灾难性天气，就是旋转快速的旋风。当龙卷风到来的时候，它像一个急速旋转的大漏斗，来去匆匆，神出鬼没，所经之处，会把路上的行人、车、建筑物全部都卷入空中，然后重重摔到地上。

什么是龙卷风

有时候，地面上会突然出现一种高速旋转的风，这种风被称为龙卷风。龙卷风发生的时间很短暂，属于瞬间爆发，最长也不超过数小时。

发生的时间

龙卷风通常都发生在夏季天气变化剧烈的时候，下午到傍晚最为多见。

小 知 识

目前人类还无法控制龙卷风的发生，只有加强科学研究，摸清其出没规律，做到正确预报，才能及时躲避转移，减少伤亡损失。

▽ 龙卷风常发生于夏季的雷雨天气时，尤以下午至傍晚最为多见。龙卷风的生存时间一般只有几分钟，最长也不超过数小时。

龙卷风的形成

在龙卷风发生以前,气温会突然发生改变,这样会促使龙卷风形成。龙卷风是云层中雷暴的产物,它就像是一根从巨大雷雨云中伸出来的象鼻子,通常只要有雷雨云就有可能出现龙卷风。

▲ 被龙卷风破坏的树木

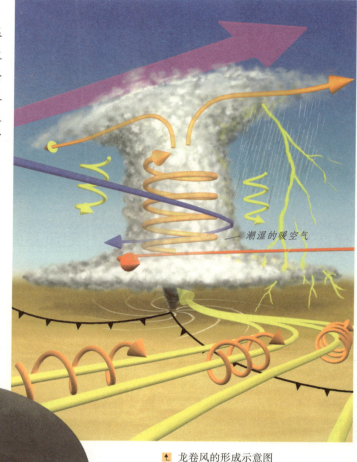

——潮湿的暖空气

▲ 龙卷风的形成示意图

▲ 龙卷风侵袭美国纽约。

最容易发生龙卷风的地方

美国是最容易发生龙卷风的国家。全世界平均每年大约发生 1000 次龙卷风,其中美国是最大的龙卷风受害国。

龙卷风的危害

据联合国统计,1947 年～1970 年,全世界死于龙卷风的约有 75 万人,是火山、地震死亡人数的 4.7 倍。它对建筑的破坏也相当严重,经常是毁灭性的。

▲ 漂亮的房屋被龙卷风破坏。

飓 风

龙卷风已经够吓人了，飓风比龙卷风还厉害。飓风只能在海面上形成，它的威力和影响的范围都比龙卷风大得多。飓风在形成后，会向着陆地移动，登上陆地后就会消失。

什么是飓风

夏季，风暴从海洋上刮过来，带来猛烈的风和雨。这些暴风叫做飓风，也叫台风或旋风，风力达12级。

飓风是怎么产生的

飓风源于热带洋面。在那里，热湿空气大量上升，四周冷空气补充，然后加热上升，往复多次循环，逐渐形成中心气压很低的热带气旋，并在上空形成强有力的空气辐射区，飓风就是在这样的条件下产生的。

气象卫星拍摄到的飓风的生成过程和它在海洋上空的运动过程

产生时间

　　飓风是一个巨大的空气旋涡,多发生于暖季。4月份前很少有飓风发生,5月份逐渐增多,10月份后又慢慢减少。

飓风的好处和危害

　　如果飓风把水分带到干旱地区或者荒漠里,它会带来充足的雨水,但如果飓风把雨水带到那些并不需要很多雨的地方,就会给那里的人们带来灾难。

⬆ 飓风伴随强风、暴雨,严重威胁人们生命财产,对于民生、农业、经济等造成极大的冲击,是一种严重的自然灾害。

运动

　　飓风是一种气旋,我们通常见到的飓风都是旋转的。这和龙卷风一样,因为地球在自己转动,于是飓风在形成的时候就开始旋转了。而飓风在北半球和南半球的旋转方向正好相反。

飓风多发生于什么地方

　　靠近赤道的热带海洋是飓风唯一的出生地,在这里有充足的阳光,空气中含有充足的水分,当热带海面上形成巨大的低压区的时候,周围的冷空气就会补充进去,最后形成巨大的飓风。

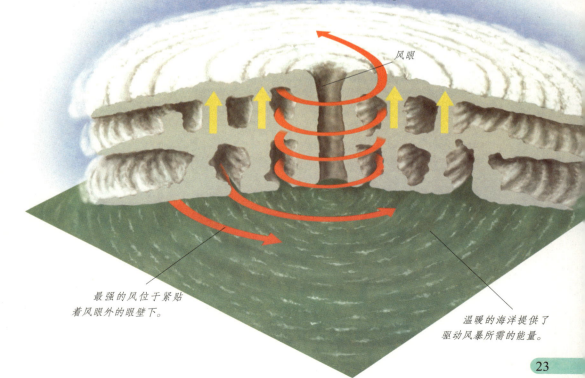

风眼

最强的风位于紧贴着风眼外的眼壁下。

温暖的海洋提供了驱动风暴所需的能量。

云

云和风有着非常密切的关系，它们就像蛋糕和糖一样，密不可分。在太阳的照射下，含有大量水分的空气从水面升到高空之中，我们也可以说是风把这些空气带到了空中，使它们最终变成飘浮在高空的朵朵白云。

卷云

卷积云

卷层云

积雨云

高层云

积云

层积云

雨层云

不同的云

如果你仔细观察过云，就会发现云不仅形状各不相同，而且还可以发生变化。这是一个非常奇妙的现象，气象学家还通过观测云的形状来预测天气变化。

云的形成

天空中的云其实是一大团水，这些水都是极小的小水滴，它们松散地聚集在一起，风把它们托在空中，于是就形成了云。

积雨云

　　有时候我们会看到一种好像山峰一样高耸的云，这种云叫做积雨云。积雨云颜色较深，是大雨来临的信号，较大的积雨云会产生雷电。

⬆ 被云层笼罩的山谷

卷层云呈乳白色薄纱状，由小冰晶组成，它会使月亮及太阳四周出现被称为"月晕"、"日晕"的明亮光环。

高积云常成群、成行或成波浪状排列，在朝阳映照下，它们会呈现出橙红色的云彩。

层云

　　当一团含有很多水分的热空气上升的时候，它的温度就会渐渐地降低，这样就会形成层云。阴天的时候，我们头顶飘的几乎都是层云。

曲卷的云

　　在空中很高的地方会出现一些类似曲卷的羽毛一样的云，这种云就是卷云，因为卷云看起来像马尾巴，因此也叫做马尾云。

层积云能形成广阔的灰色云层，从飞机上往下看，层积云就像一片波动的云海。

云的颜色

　　天空颜色的变化和空气有很大的关系，因为空气可以使阳光分散和改变传播方向，所以在一天的不同时候，我们可以看到天空具有不同的色彩。

积雨云颜色较深，是大雨来临的信号。

雨的形成

空气受热上升后，暖空气中的水汽凝结成小水滴，小水滴积聚成云。云不断凝结、增大，当空气再也托不住它时，就开始下落。它沿途吞并更多的小水滴，落到地面，这样就形成了雨。

暴雨

刚刚还是阳光普照，刹那间却乌云翻滚，大雨像瓢泼一样下了起来，不久又云开雾散，一片晴朗，所以人们称暴雨为"短时间强降雨"。暴雨一般是 24 小时雨量大于或等于 50 毫米。

梅雨季节

在我国东南部，每年 7 月份左右，阴雨连绵不断，气温越来越高，空气潮湿而闷热，这就是梅雨季节。

小 实 验

找一个口径为 20 厘米的方便面纸碗，在底部凿一个比玉米粒稍大的小洞；再找一个无盖的罐子，在罐子里面放置一个玻璃瓶；然后把碗放在玻璃瓶上，瓶口与碗底的小洞相接。将做好的雨量计放在离地 70 厘米高处（筒口距地面的距离）的雨水中。雨停后，用秤称出瓶中的水重，30 克水即相当于 1 毫米的降雨量。

云块越来越大，内部的冷空气发生循环流动。

暖空气中的水汽凝结成小水滴，小水滴积聚成云。

暖空气受热上升。

大雨

　　当雨滴像用盆子往下泼一样的时候，地上一下子就会积聚很多水潭，窗外传来一阵阵哗哗的雨声，这样的降雨就是大雨。一般来说，大雨24小时降水量为 25 ～ 50 毫米。

小雨

　　当天空中云层里的水分不多的时候，它形成的水滴也很少，这些水滴落下来就会形成细细的雨滴，就是小雨。小雨在24小时内降水量一般小于 10 毫米。

中雨

　　雨滴非常密集，很难分辨，落到地上四处飞溅，地上很快会有一片片水注。一般来说，中雨在24小时内降水量在 10 ～ 25 毫米。

当云块中的小水滴增大到一定程度，便落到地面形成降雨。

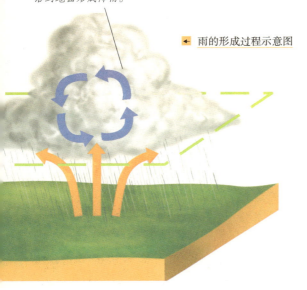

◀ 雨的形成过程示意图

⬆ 雨点使水花向上飞溅。

雷　电

当一道耀眼的闪电划破天空后，紧接着就会有一声隆隆的雷声响彻大地。雷电会击毁房屋，造成人畜伤亡，但雷电的发生可以增强土壤肥力，还有利于发现矿藏。

雷电是怎么形成的

天空中的云通过摩擦而带上电荷，云层之间就有可能产生电火花，这样就形成闪电。闪电释放的能量会使空气膨胀，发出巨响，这就是震耳的雷声。

雷击

雷击是指一部分带电的云层与另一部分带异种电荷的云层之间，或者是带电的云层对大地迅速地放电，袭击其他物体的现象，雷击会给我们的生活带来威胁。

闪电的时候，在树下躲避是一件很危险的事情，高耸的大树经常成为雷电袭击的目标。

闪电和响雷

闪电往往伴有震耳的雷声。由于光速比声速快，所以我们总是先看到闪电，后听到雷声。但是每次闪电不一定都有雷声。闪电和响雷常伴有强烈的阵风和暴雨，有时甚至有冰雹和龙卷风。

闪电的本质

闪电实际上是电流在空气中传播产生的现象，大量的电可以激发空气，使空气发出耀眼的光芒，于是就产生了我们看到的电光。

避雷针

为了保护建筑物免遭雷电袭击，人们在建筑物上安装了避雷针，避雷针可以把雷电引导到地面，使建筑物不会受到伤害。

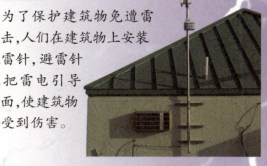

↑ 被闪电击中的树木燃烧后可能引发火灾。

闪电的距离

我们可以简单地计算闪电发生的地方与我们之间的距离，当你看到闪电发生后，如果在 3 秒钟后才听到雷声，那么闪电离你大约有 1 000 米远。

冰　雹

有时候，看到一朵乌云飘了过来，你可能会以为天气要变了，但是没有雨落下来，也没有雪落下来，而是落下了一粒一粒的小冰球，这就是冰雹。冰雹是一种灾难性天气，会砸伤正在生长的植物，也会毁坏人们的房子。

什么是冰雹

也叫"雹"，俗称雹子，有的地区叫"冷子"。冰雹属于固体降水，常常在夏季或春夏之交发生。

冰雹的危害

当一场冰雹降落在农田或者果园里的时候，这些冰雹就会毁坏田里的庄稼，或者把未成熟的果实砸落，使农民受到很大损失。

↑ 冰雹有很大危害，它毁坏庄稼、砸伤房屋，还殃及人畜。

↑ 冰雹降落范围不大，形状大小不一。

发生冰雹的地方

冰雹在丘陵地区最容易发生，这是因为丘陵地区的地形很复杂，使天气也变化多端，因此很容易产生冰雹。

大小不一的冰雹

因为上升气流的力量大小不一样，最后产生冰雹的大小也不一样，有的像绿豆那么大，有的像栗子或鸡蛋大小，有的甚至比柚子还大。

冰雹的成因

当冰块增大到气流托不住的时候，就落到地面上成为冰雹。

如果一片云的温度很低，但是云中的雨滴却没有及时落下来，那么这些雨滴就会继续凝结成冰雹云。当上升的气流没有足够的力气再托住冰雹的时候，这些冰雹就纷纷从天空中掉落下来。

雹胚在云内随着气流升降，形成雹块。

在温度较高、水汽比较充沛的云的下部，水滴在雹胚表面形成水膜，水膜冻结较慢，就形成了气泡比较少的透明冰层。

冰雹

碘化银微粒被炮弹送到雹云中去，在云中与雹胚争夺水汽。

击落冰雹

因为冰雹云一般都很低，所以人们想了很多办法来阻止冰雹的形成，比如可以向冰雹云发射炮弹或者火箭，破坏冰雹的形成。

用来消雹的碘化银微粒一般装在炮弹中，用高炮或火箭把它发射到雹云中去。

防止冰雹的措施

一场冰雹会使农业遭受很大的损失，为了减少这一损失，一般来说，可以在多雹地带种植牧草和树木，增加森林面积，增种恢复能力强的农作物，成熟的作物要及时抢收。

雪

冬天，漫天飘舞的雪花给大地披上了银装，小朋友追着笑着打雪仗。雪不但给我们带来了生机，清除空气中的病菌和灰尘，还给植物盖上了温暖的棉被。但是雪量过多就会造成雪灾，使房屋倒塌，造成人员伤亡，田里的庄稼也会被冻毁，减少收成。

暴风雪

当猛烈的风卷着雪花，大片大片地飞舞，我们就不得不躲在家里。南极的暴风雪是地球上最猛烈的暴风雪，暴风雪的风速甚至比最猛烈的飓风都要快。

↑ 堆雪人是大人和孩子在冬季非常喜欢的一种游戏。

↓ 暴风雪天气里可见度很低，常使行人举步维艰。

雪的大小

在下雪的时候，我们会看到许多轻飘飘的雪花慢慢地飘落到地面上，如果你仔细地观察就会发现这些雪花其实都是由小片的冰晶组成的。

小雪

　　冬天降临的第一场雪,它通常是很小的小雪,这些小雪粒落到干燥的草丛里,就会发出沙沙的声音。在气象上,小雪一般指的是 24 小时降水量 0.25 毫米以下。

大雪

　　天空阴沉,气温骤然降低,大雪像鹅毛一样下个不停。不久,整个大地都被雪覆盖着,世界一下子变成白茫茫一片。大雪日降水量大于 5 毫米。

↑ 雪人

雾

清晨，当我们推开门时，会突然发现眼前被一层蒙蒙的雾笼罩着，甚至连马路对面都看不清楚。雾看起来像烟一样，其实它是由漂浮在空气中的小水滴也就是我们身边的云组成的。

雾是怎么形成的

当空气足够潮湿的时候，气温降低后，水蒸气就会凝结成细小水珠，形成我们能够看到的雾。水蒸气要凝结成小水滴，就需要灰尘作为核心，所以当空气中灰尘增加的时候，雾就更容易形成，而且还会变得十分浓厚。

晨雾

当太阳升起以后，空气的温度迅速上升，于是在地面附近就会形成一层雾，随着温度的升高，这层雾很快就会消失。

绿色的山雾

有时候,山谷里会出现绿色的雾,这是因为树叶把绿光反射出来,又被这些薄雾散射,所以我们就会看到雾有一点淡淡的绿色。

浓雾的危害

如果一场大雾笼罩了我们居住的城市、公路和铁路,就会给人们的生活带来很大不便,还会增加交通事故。所以,当出现大雾后,高速路和飞机场就会被封锁。

⬆ 绿色的山雾

驱散浓雾

利用人工降雨的方法可以驱散浓雾。向空气中抛撒小颗粒可以使这些雾快速地转变成水滴,然后落到地面,解决干旱地区的水荒问题,造福人类。

⬆ 美国金门大桥常常被海雾弥漫,远远看去,像被"截断"一样,所以有"雾断金门"之称。

海雾

我国沿海一到春天,常常会出现迷迷蒙蒙的毛毛细雨天气,甚至几米之内都看不见人影,这就是海雾。海面低层大气中水蒸气凝结形成海雾,因它能反射各种波长的光,所以是乳白色。

露珠和霜

在寒冷季节的清晨,草叶上、土块上常常会覆盖着一层霜的结晶。当太阳升起,气温升高的时候,凝结在草叶上的霜开始融化,使小草变得湿漉漉的,浑身挂着晶莹剔透的小水滴,这就是露珠。

用一张塑料布来收集露水。塑料布的四角分别固定在四根木棒上,在塑料布中间放一块石头,使塑料布中间沉下去。然后,把一个杯子放在塑料布中间的下方。放一个晚上后,你看看露水是聚集在塑料布的上面还是收集在杯中?

露水的收集

位于沙漠地区的国家,露水形成的水或许是水分的唯一来源。在某些国家中,他们用一长排的塑料布来收集露水,并在塑料布上穿出小孔,好让水能向下滴漏来灌溉农作物。

🔺 在温暖季节的清晨,人们在路边的草、树叶及农作物上经常可以看到露珠。

露珠形成的原因

在夏天的早晨,我们会在草叶上发现露珠,这是因为晚上温度低,空气中的水蒸气便会凝结在叶子上,形成露珠。

露珠

天气

霜的出现时间

我国，每年的10月份会出现"霜降"。其实，霜不是从天空降下来的，而是在近地面层的空气里形成的。霜一般形成在寒冷季节里晴朗、微风或无风的夜晚。

⬆ 在寒冷季节的清晨，草叶上、土块上常常会覆盖着一层霜的结晶。它们在初升起的阳光照耀下闪闪发光，待太阳升高后就蒸发了。

凝结现象

水汽的凝结既可产生于空气中，也可产生于地球表面上。比如空气中的云和雾，大地上的露珠、霜、雾凇等，都属于水汽凝结物。

蒸发

当水蒸气进入空气以后，它们不会停留在地面附近，而是在周围空气的推动下向更高的地方上升，最后成为漂浮在空中的水蒸气。

⬇ 冬季有雾的条件下，空气中0℃以下而未结冰的水滴直接在树枝上冻结成美丽的雾凇。

洪 水

　　洪水是一种由多雨天气造成的灾难现象。当洪水发生的时候，疯狂的水流会冲毁所有阻碍它们的东西，房子、农田、公路、铁路，都会被洪水破坏，使人们不得不逃离自己的家园。

　⬆ 2004年12月，印尼苏门答腊岛爆发的8.9级强烈地震引发了海啸，造成23万人丧生，这是全球百年来最大的一次海啸。

洪水发生的地方

　　在河流、湖泊、海边和水坝等水量充足的地方，湖泊水位过高，河流堤坝的溃堤和水坝事故等都有可能带来洪水。

月亮也惹祸

　　有时候，月亮对地球的引力也会使大量海水冲上大陆，在加拿大的芬迪湾，因为月球的引力，冲上陆地的海潮达到了20厘米，也算是一场洪水了。

洪水是怎么来的

　　洪水大多发生在降雨量多的时候，当雨水过多的时候，湖泊等不能容纳这么多的水，于是多余的水就成了洪水的来源。

　➡ 随着人口增加，水土流失和水污染、生态环境恶化等问题逐渐加剧。

爆脾气的海啸

海啸是发生在海洋里的一种可怕的灾难。当海底发生地震、火山爆发或水下塌陷和滑坡时，就会引起海水的巨大波动，产生海啸。海啸会掀翻海上的船舶、破坏建筑并会造成人员伤亡。

水坝

水坝可以防洪，还可以发电，灌溉庄稼，进行航运等。世界上最早的水坝是埃及人建造的，当今世界最大的水坝是我国建造的三峡大坝。

在我国有关洪水的故事很多。从前有一个叫海力布的猎人，在山洪暴发时，他为了挽救乡亲们的生命，自己却变成了一块僵硬的石头。灾难过后，乡亲们找到了海力布变的那块石头，让子子孙孙都来纪念他。

↑ 人类构筑水库、开凿运河、渠道等做法，改变了水原来的径流路线，使水循环发生变化。

暴发山洪

一般在陡峻的山区，有大片树林、毛竹覆盖，当大量水汽积聚上空，就会形成暴雨。连绵的暴雨使水流非常湍急，当遇到喇叭形河口地形时，积聚的水流就会一下子冲破河口，暴发山洪。

干 旱

在地球上，并不是每个地方都会风调雨顺。有时候一些地方的降水很少，就会造成干旱的天气。干旱会使人类、植物以及动物的生活状况变得很糟糕，甚至难以生活下去。

水对大地的重要性

大地每时每刻都在向空气中蒸发水分，如果长时间没有水分补充，土壤就会干燥龟裂，成为不适合植物生长的地方。

干旱发生的条件

如果一个地方被一个高压空气团控制，那么外界含有大量水分的空气就很难进入，于是这个地方就会持续干旱少雨的天气。

🔺 世界上已有很多地区严重缺水，为了解决威胁生存的干旱问题，许多地方的人甚至会花几个小时到很远的地方去背水。

怎么才算是干旱

　　干旱并不是指一点雨也不下，而是和以往相比，降水量明显偏低，以至于不能满足地面上生物的需求，因此干旱不仅仅出现在大陆内部，也会发生在海边。

⬆ 人工降雨

人工降雨

　　人们一般用飞机或者火箭向高空抛撒干冰（即固态的二氧化碳）等化学物品，这样就可以制造大片含有大量雨滴的云，形成降雨，缓解干旱。

⬆ 提起撒哈拉沙漠，我们会不由自主想到炎热干旱的天气，但是在晚上，撒哈拉沙漠却会变得很冷。

最干旱的地区

　　沙漠是降水量最少的地区，在沙漠里任何植物都很难生存，这里一片荒凉，没有任何生机，也不适合人类生存，因此沙漠被称为生命禁区。

⬇ 厄尔尼诺引起气候异常增温，使得非洲旱情加重。

可怕的干旱

　　干旱是对人类威胁最大的灾难性天气。干旱发生的时候，植物得不到水分，就会枯萎死亡，人们会没有水喝，那些依靠植物生存的动物也受到了威胁。

厄尔尼诺现象

厄尔尼诺是灾难的代名词,印度尼西亚的森林大火、巴西的暴雨、北美的洪水,以及非洲的干旱等都是它引起的。厄尔尼诺意为"圣婴",它像幽灵一样,行迹飘忽不定,出现时会引起气候反常,导致大范围灾害性天气出现,使人类遭受灾难。

什么是厄尔尼诺

厄尔尼诺其实是一支小小的暖流,它的老家在太平洋东部,从赤道向南流动,有时见不到它的影子,有时又会突然闯到某个地方来,给全球气候带来灾难性影响。

↑ 厄尔尼诺带来的洪水淹没了村庄。

↑ 厄尔尼诺引起气候异常增温,使得非洲旱情加重。

厄尔尼诺的危害

厄尔尼诺的危害性非常严重。它会带来空前未有的旱灾、洪水和泥石流。据统计,20世纪以来,厄尔尼诺现象出现了17次,给人类带来巨大的灾难。

小 故 事

19世纪初,在南美洲的厄瓜多尔和秘鲁,渔民们发现,每隔几年这里就会出现一股暖流。这股暖流使雨量增加,沙漠变成了绿洲,羊群成倍增多,荒地长出了庄稼。尽管人们也发现许多鸟类死亡,海洋生物遭到破坏,但人们依然相信是这股暖流带来了丰收年。由于它总是发生在圣诞节前后,因此取名为"上帝之子"——圣婴。

厄尔尼诺现象的表现

厄尔尼诺现象发生时，给各地的天气带来很大的变化，该冷的地方不冷，该热的地方不热，该天晴的地方洪涝成灾，该下雨的地方却烈日炎炎、焦土遍地。

↑ 厄尔尼诺引起的森林大火

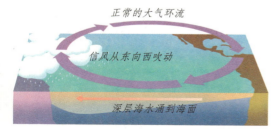

↑ 正常年份

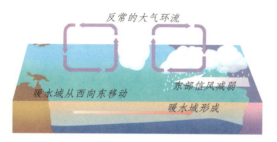

↑ 厄尔尼诺期间

拉尼娜现象

一般情况下，出现厄尔尼诺现象的第二年，"女婴"拉尼娜现象就会出现。人们称它们为邪恶的兄妹，"女婴"虽然威力不及"圣婴"，但也会给人类造成相当大的损害。

厄尔尼诺发生的规律

厄尔尼诺发生的季节并不固定，20世纪中期～21世纪初的几十年间，平均三年半全球就发生一次厄尔尼诺现象，而近年来厄尔尼诺现象的发生有加快、加剧的趋势。

季风

季风是一种季节性的风，大约有 6 个月的时间向一个方向吹，另外 6 个月朝着相反的方向吹。夏季，潮湿的风从海洋吹来，把阴暗有雨的云带向陆地。冬季则恰好相反，风把空气从陆地吹向海洋，给我们带来寒冷干燥的天气。

季风是怎么形成的

季风是由于冷暖空气之间互相推挤造成的，相对于普通的风而言，季风持续的时间更长，这是因为这场较量是发生在大陆冷空气团和海洋暖空气团之间的。

季风造成的影响

现在全世界至少有一半人生活的区域受到季风的影响，如果没有季风，我们现在的生活就会乱成一团。东亚是受季风影响最大的地区，夏季，季风会带来降雨，但它也会将雨带到热带的其他地区，如非洲、南美洲等地。

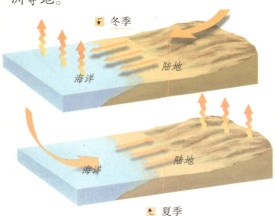
↓ 冬季
海洋　陆地
海洋　陆地
↑ 夏季

↑ 常年被一种风向的风吹得变形的树木。

大洋上的季风

　　海洋上的季风对人类有很大的影响，在大航海的时代，船长们都会选择在合适的季风季节里起航，这样才能到达目的地。

↑ 郑和宝船

↑ 热带雨林区大多分布在赤道地区，全年雨量充沛，植物生长茂密。

季风气候

　　季风气候是大陆性气候与海洋性气候的混合型。夏季受来自海洋的暖湿气流的影响，天气炎热，潮湿多雨；冬季受来自大陆的干冷气流的影响，气候寒冷，干燥少雨。但是，季风气候也容易发生旱涝自然灾害。

古人对风的认识

　　我国古代利用季风进行航海活动，取得过辉煌的成就。明代郑和下西洋，除了第一次夏季起航秋季返回外，其余六次都是在冬季的东北季风期间出发，在西南季风期间归航。

↑ 郑和

↑ 印度和孟加拉都属于热带季风国家，每年 80%的降水量都集中在 6~10 月间。

海洋里的邮递员——洋流

在无边无际的海洋上，季风吹拂，海洋表面的水沿着固定的方向流动，形成洋流，所以，人们把洋流形象地称做海洋中的邮递员。洋流南来北往，川流不息，从而调节了地球上的气候。

什么叫寒流

凡流动的洋流，海水温度比经过海区海水温度低的都称为寒流。寒流流经的沿岸地带气温降低，降水减少，一般都分布有大面积的荒漠。

⬆ 冬天，常常会有一股股寒流袭来。寒流使沿岸温度降低，降雨量减少。

黑潮

黑潮是世界大洋中第二大暖流，因为海水深蓝，远看像黑色，所以叫黑潮。黑潮像一条海洋中的大河，带着巨大的热量，浩浩荡荡、不分昼夜地由南向北流淌，给日本、朝鲜半岛以及中国沿海带来雨水和适宜的气候。

什么叫暖流

洋流分暖流和寒流两种。凡流动的洋流，海水温度比经过的海区水温高的都称为暖流。暖流使空气湿润，雨量充沛，有利于植物的生长。

⬆ 海上航行的船只，可以利用洋流来节省动力。

温暖的洋流有着丰富的海洋生物资源。

什么是洋流

洋流又叫海流，就是大海里的河流，它像陆地上的河流一样，长年累月沿着比较固定的路线流动。洋流遍布整个海洋，既有主流，也有支流，不断地输送着盐类和热量，使海洋充满活力。

墨西哥暖流

墨西哥暖流也叫湾流，是世界上最大的洋流。它使海湾变成一个巨大的热水库，流量相当于全世界河流量总和的 120 倍，每年输送的热量使西北欧地区的气候变得温暖湿润，冬无严寒。

俄罗斯的摩尔曼斯克是北冰洋沿岸的重要海港，那里因受北大西洋暖流的恩泽，港湾终年不冻，成为俄罗斯北洋舰队和渔业、海运基地。

洋流对航运的影响

我们知道，海轮顺着洋流航行速度快，逆洋流航行速度慢，所以人们便利用洋流规律发展海洋航运，从而大大地节约了时间、燃料，并且减少了事故的发生。

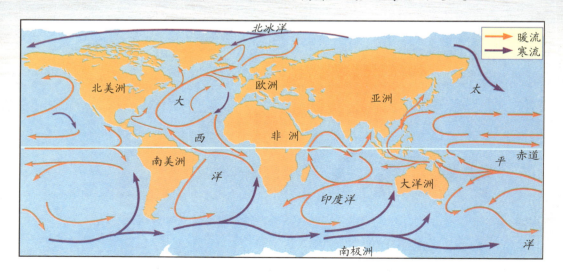

冰 川

冰川是一种巨大的流动固体。在高寒地区由雪再结晶聚积成巨大的冰川冰,冰川冰因重力因素而流动,成为冰川。如果将冰川的体积换成水量,几乎相当于地球上除了海水外所有水的水量。

巨大的冰隙

冰川是怎么形成的

气候寒冷、终年冰雪的南、北极和一些高山地区是冰川的"摇篮"。那里终年覆盖着厚厚的冰盖和积雪,当冰雪沿着谷坡缓缓流动,就形成了冰川。据估计冰川的总体积有2000万立方千米呢!

粒雪盆

冰川体

冰裂缝

冰舌

底碛

冰川的分类

冰川前后可以分为两部分:上部为粒雪盆(又称积累区),下部为冰舌区(又称消融区),其分界线是雪线。在雪线处,雪的累积量与消融量处于平衡状态。

什么是冰舌

冰舌是从冰川流出的像舌头一样的冰体。冰舌的表面常有冰面流水、冰裂隙，冰内还能形成冰洞、冰下河等。冰舌区是冰川作用最活跃的地段，大部分也是冰川的消融区。

冰川的分布

现代冰川在世界各地几乎所有纬度上都有分布。地球上的冰川大约有2900多万平方千米，覆盖着大陆11%的面积。

↑ 地球上一些地方长期被冰雪覆盖，积雪越来越多，最后变成了冰，这些厚重的冰雪在重力的作用下，从高处向低处缓慢流动，这样一个"流动的冰河"就被称为冰川。

消退的冰川

由于全球气候逐渐变暖，世界各地冰川的面积和体积都有明显减少，有些甚至消失。冰川消融会引起海平面上升，将淹没沿岸大片地区，对人类的生存环境造成威胁。

冰碛湖

终碛

终碛是冰川移动时带来的泥沙碎石。

冰川中的淡水

冰川是地表重要的淡水资源，占全球淡水量的3/4左右，但可以直接利用的很少。

冰　山

　　在浩瀚的海面上,在阳光的照射下,冰山就像一座巨型的汉白玉雕成的海上宫殿,晶莹剔透,绚丽多姿。然而,正如它的冷峻一样,冰山是不折不扣的、冷酷的海上公害,给人类带来了巨大威胁。它威胁到了海上的航行,它可以在顷刻之间将海上建筑物(如钻井平台等)铲平,使它葬身海底。

什么是冰山

　　冰山"陆上长,海上生"。冰川滑入海洋后断裂而形成的巨大冰块,露出海面5米以上的,就是冰山。

海里的冰山

　　在海上航行时,我们可能会看到海面上漂浮着一块冰山。其实,你看到的只是冰山的脑袋而已,它的整个身躯要比你看到的大得多。

◀ 冰山是极为宝贵的淡水资源。

⬆ 冰山冰可以说都是没有受过工业污染的干净的冰。

冰山能活多久

冰山一般能保持2～10年的寿命，一直在海上过着漂浮生涯。冰山高的可达几十米，长度一般为几百米至几十千米，特大的冰山叫冰岛。

⬆ 移动的冰山

最危险的"活敌人"

在极地航行家眼里，漂浮的冰山是最危险的"活敌人"，轮船遇到它有时会被迫停驶，一不小心，就会发生碰撞事故。

小　故　事

1912年4月15日，载着1 500人的豪华巨轮"泰坦尼克"号与冰山相撞沉没，700多人葬身海底，这场海难被认为是20世纪人间十大灾难之一。1985年，"泰坦尼克"号的沉船遗骸在北大西洋4千米的海底被发现。

⬆ 豪华游轮"泰坦尼克"号就是撞上冰山沉没的。

冰山是怎么形成的

冰山并不是海冰结成的，它来自被撞断的冰川。当冰川来到海岸边，将长长的舌头(冰舌)慢慢伸入海中，就会常常受到浮在海洋上巨大冰块的撞击，而被撞断的巨大"舌尖"就是冰山。

⬆ 冰山示意图

热带天气

> 热带天气常年都是湿润高温的夏天。一天当中，热带天气的变化单调而富有规律。清晨，天气晴朗，凉爽宜人；午后一两点，天空乌云密布，雷声隆隆，暴雨倾盆而下，一直持续到黄昏。雨后，天气稍凉，但到第二天日出后又变得闷热。如此这般日复一日，年复一年。

热带在哪里

热带处于南北回归线之间，面积不到全球总面积的一半。即使是冬季，这里也不会下雪，这样的气候使它成为动植物的乐园，许多珍贵的动植物都在这里安家。

热带沙漠气候

热带沙漠气候主要分布在南北回归线附近的大陆西岸和内陆地区，这种气候降水量稀少，终年炎热干燥，地面有大片的沙漠。撒哈拉沙漠是热带沙漠气候最典型的一个，极度干旱而酷热，有的地方甚至多年滴雨不下。

热带季风气候

　　热带季风气候以亚洲南部及东南部最为显著。这种气候终年高温,一年中也可以分为旱、雨两季,风向随季节而变化。旱季,风从陆地吹向海洋,干旱少雨;雨季,风从海洋吹向陆地,降水集中。

热带干旱气候

　　热带干旱气候最热的时候,温度普遍在30℃以上,有时甚至高达50℃,年降水量很少,而且没有一定的雨期。利比亚沙漠的气温甚至曾达到58℃,成为全球最高温度。

↑ 热带动物

热带的降水

　　热带地区的降水主要集中在雨季,比如在非洲的草原上,这里的水几乎全是雨季所带来的雨水,这些雨水使草原上的生命能够生存下去。

↓ 干旱的热带草原

 # 温带天气

温带不能受到太阳直射，占地球总面积的一半。天气复杂多变，冬天冷，夏天热，气温比热带低，比寒带高，昼夜长短和四季的变化非常明显。温带气候为生物界创造了良好的气候环境。

温带气候类型

根据地区和降水特点的不同，温带可分为温带海洋性气候、温带大陆性气候、温带季风气候和地中海式气候等。

温带在哪里

温带位于回归线和极圈之间，不能受到太阳直射，也不会出现极昼极夜现象，是阳光终年斜射的地带。北回归线和北极圈之间为北温带，南回归线和南极圈之间为南温带。

适宜的温度让我们觉得很舒服。

温带海洋性气候

温带海洋性气候区主要分布在欧洲西海岸、南美洲智利南部沿海以及新西兰、北美阿拉斯加南部等地区。这里冬季温暖，夏无酷暑，全年湿润多雨，降水分配比较均匀。

⬆ 梅雨是初夏季节特有的天气现象，梅雨结束，盛夏随之到来。

温带季风气候

温带季风气候区主要包括中国的华北、东北和朝鲜半岛、日本以及俄罗斯远东地区。冬季，风从内陆吹向海洋，大部分地区干燥少雨；夏季，风从海洋吹向内陆，湿润多雨。

温带大陆性气候

温带大陆性气候区主要分布在亚欧大陆和北美洲的内陆地区，冬季寒冷，夏季炎热，空气干燥，降水量较少。

寒带天气

寒带地区太阳斜射得很厉害，一年中有一段时间是漫长的黑夜，非常寒冷，没有夏天。这里的天气很古怪，有时候会不停地刮着强烈的寒风，有时候却是一个宁静的银白色世界，只有极少数生物可以在这里生存。

寒带在哪里

寒带占地球总面积的 1/10,位于地球的极圈以内,北极圈以北为北寒带,南极圈以南为南寒带。

寒带气温

寒带气温较低,昼夜长短变化很大,四季变化不明显。

寒带降水

寒带地区由于太阳辐射量少,地面温度低,蒸发弱,空气中的水汽含量少,所以降水量很少。一般是以雪为主,地面上有永冻层。

↑ 企鹅生活在南极附近水域的岛屿上

冰原气候

　　南极大陆、格陵兰岛的大部分及北冰洋的一些岛屿上，全年各月平均气温都在0℃以下，终年严寒，遍地冰封雪盖，植物难以生长，属于冰原气候，也叫永冻气候。南极大陆的年平均气温为零下25℃，是世界上最寒冷的大陆。

↓ 针叶林

寒带气候类型

　　寒带气候一般也叫极地气候，冬季寒冷而漫长，只在极圈附近有短暂的夏季，气温有时可以超过0℃，其余地区则终年都是冰天雪地。寒带气候又可分为苔原和冰原两种气候类型。

苔原气候

　　苔原气候是极地气候带的气候类型之一。多分布在欧亚大陆和北美大陆北部，大部分位于极圈以内，一年中只有1～4个月气温在0～10℃之间，其他时间都在0℃以下。只有一些苔藓、地衣类植物生长，所以叫苔原气候，也叫长寒气候。

↑ 苔原气候大部分降水是雪，部分冰雪夏季能短期消融。相对湿度大，蒸发量小，沿岸多雾。因为温度低，只有苔藓、地衣类植物可以生长。

城市里的天气

城市对于当地天气的影响非常大。在城市中,树木、草地以及户外的原野几乎都被大量建筑物以及道路取代。由于空气污染,灰尘增多,大气混浊度增加,所以城市的天空总会让人觉得迷蒙一片。

什么是城市热岛效应

在城区,特别是市中心,人们往往会感觉到气温要比郊区高,人们把这种现象叫做城市热岛效应。

▲ 城市热岛效应图

⬆ 汽车排放的大量尾气不但直接危害人体健康,还对人类生活的环境产生不良影响。

城市的气温

在春天来临的时候,城市比乡村会提前感到春的气息;当秋天到来的时候,乡村植物的叶子总是比城里早些飘落;炎热的夏季,城里人都喜欢到农村去避暑。这些现象都是因为城市的气温比农村高的缘故。

⬇ 城市热岛效应示意图

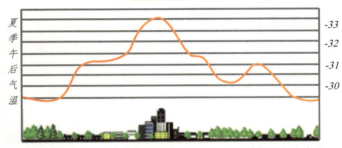

夏季午后气温

-33
-32
-31
-30

郊区 城郊居民区　商业区　市中心　居民区　公园　城郊居民区　农田

阳伞效应

大气中含有大量的尘埃,尘埃对阳光有反射作用,相当于撑了一把阳伞挡住了部分阳光,人们称这种现象为"阳伞效应"。阳伞效应的作用与温室效应的作用刚好相反,可以降低地球表面的温度。

为什么会出现热岛效应

产生热岛效应的原因,主要是城区人口密度大、交通拥挤、汽车尾气污染严重。同时,城区或市中心少树缺草,大块空地往往是水泥地或柏油路,太阳光反射强。

城市热岛使空气中的各种污染物聚集在城市上空,如果没有很强的冷空气,城市空气污染将加重,人类生存的环境被破坏,导致人类发生各种疾病,甚至死亡。

城市人口密集,高楼密集,高速公路密集,工厂、汽车、空调及家庭炉灶和饭店等释放出的废热进入大气,使城市年平均气温比郊区可高1℃甚至更多。

怎么消除热岛效应

要消除热岛效应,必须尽量增加城区的绿化面积,减少水泥地面积。用大树、草坪、灌木来增加城区湿度,降低温度。

天气预报

现在人们已经可以对未来的天气进行预报了，如果我们要去一个地方旅行，就要先查询一下这个地方未来的天气变化，决定应带上什么样的行装。如今，人们越来越重视天气。随着生活的需要，在各种媒体上，又出现了形式更加多样的天气预报服务。

测量气压

既然我们周围有空气，那就会存在压力，空气的压力就是大气压。当气团保持平稳的时候，气压也会保持平稳；当空气发生变化的时候，气压就会发生变化，所以测量气压可以预知天气变化。

现在的天气预报

天气预报为我们带来了很多好处，也激励更多的人去研究天气变化的规律。现在，气象专家可以利用卫星拍摄云团的图像，然后再利用计算机计算出云团在未来的运动情况，这样就可以更加准确地预报天气了。

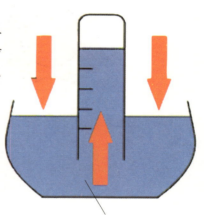

大气压使水银在真空管内上升。

▲ 冰雹	晴	多云	阴	小到中雨	阵雨
大到暴雨	雨夹雪	小雪	中雪	大雪	雨转晴
雷雨	雾	霜冻	暖空气的锋	冷空气的锋	台风及其中心

西北 北 东北
西 六级风 东
西南 南 东南

西北 北 东北
西 八级风 东
西南 南 东南

⬆ 天气的变化情况可以用专门的气象符号来描述，这是天气预报中常见的表示方法。不同的符号代表不同的天气，利用这些符号可识别出简单的天气情况。

当蚂蚁匆忙搬家的时候，就表示降雨要来临了。

气象观测

气象观测就是研究观测地球大气层的变幻方法的学科。天气预报就是由气象工作者经过数千次的气象观测，再输入电脑分析而得出来的。最后再经由天气预报员用最简单的方式使大众了解。

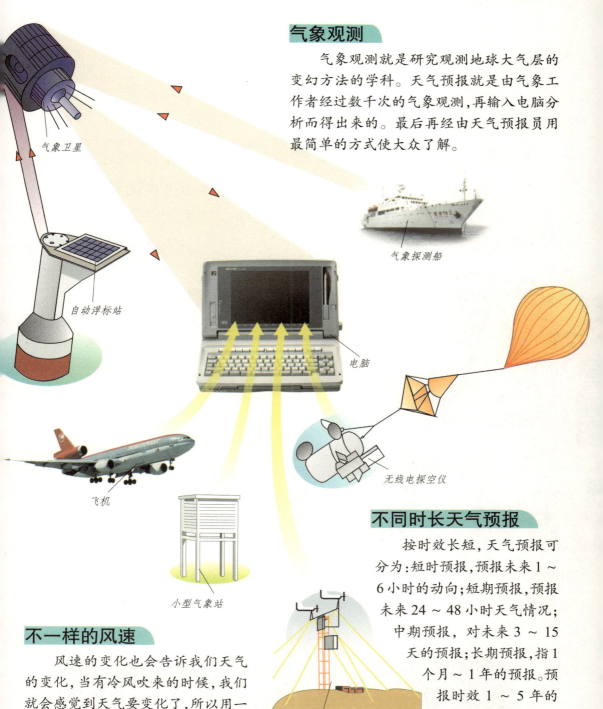

气象卫星

自动浮标站

气象探测船

电脑

无线电探空仪

飞机

小型气象站

自动气象站

不一样的风速

风速的变化也会告诉我们天气的变化，当有冷风吹来的时候，我们就会感觉到天气要变化了，所以用一些仪器测量风速的变化，也可以预报未来的天气。

不同时长天气预报

按时效长短，天气预报可分为：短时预报，预报未来1～6小时的动向；短期预报，预报未来24～48小时天气情况；中期预报，对未来3～15天的预报；长期预报，指1个月～1年的预报。预报时效1～5年的称为超长期预报，10年以上的则称为气候展望。

温室效应

近些年来,人们直觉地感到天气越来越暖和,冬季推迟了,降雪晚了,降水量也少了,这是人类活动造成的后果。这种情况很像农村冬天的暖房,阳光可以照进来,暖房里的热气却出不去,因此称为"温室效应"。

温室效应产生的后果

如果温室效应得不到控制,就会导致全球变暖,各种灾难也随即到来。科学家预测,如果全球变暖还在继续,冰川、北极以及南极洲上的冰块融化,从而导致海平面升高,一些岛屿国家和沿海城市将被淹没;被冰封十几万年的史前致命病毒可能会重见天日,导致全球陷入疫症恐慌,人类生命将受到严重威胁。

温室效应产生原因

温室效应主要是由于现代化工业社会过多燃烧煤炭、石油和天然气,大量排放尾气,这些燃料燃烧后放出大量的二氧化碳气体进入大气造成的。

⬆ 随着现代工业的发展,越来越多的温室气体被排放到空气中。

🔽 森林对气候有调节作用,过度砍伐森林会破坏大自然的生态平衡,从而影响气候。

温室效应的特点

温室效应又称"花房效应"，它有两个特点：温度比室外高、不散热。在生活中，我们见到的玻璃育花房和蔬菜大棚就是典型的温室。

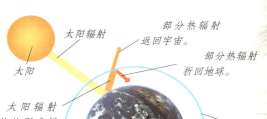

↑ 不平衡的温室效应

怎样才能减缓温室效应

为减少大气中过多的二氧化碳，人们应该尽量节约用电（因为发电要烧煤），少开汽车。保护森林和海洋环境，植树造林，并减少使用一次性方便木筷，节约纸张（造纸用木材），不践踏草坪等，以此来保护绿色植物，使它们多吸收二氧化碳，减缓温室效应。

图书在版编目（CIP）数据

科学在你身边. 天气 / 田战省主编. —长春：北方妇女
儿童出版社，2008.10
ISBN 978-7-5385-3528-0

Ⅰ. 科… Ⅱ. 田… Ⅲ. ①科学知识－普及读物②天气学－
普及读物 Ⅳ. Z228 P44-49

中国版本图书馆 CIP 数据核字（2008）第 137217 号

出版人：李文学
策　划：李文学　刘　刚

科学在你身边
天 气

主　　编：	田战省
图文编排：	赵小玲　李显利
装帧设计：	付红涛
责任编辑：	师晓晖　陶　然
出版发行：	北方妇女儿童出版社
	（长春市人民大街 4646 号　电话：0431-85640624）
印　　刷：	三河宏凯彩印包装有限公司
开　　本：	787×1092　16 开
印　　张：	4
字　　数：	80 千
版　　次：	2011 年 7 月第 3 版
印　　次：	2017 年 1 月第 5 次印刷
书　　号：	ISBN　978-7-5385-3528-0
定　　价：	12.00 元